下潜！下潜！
到海洋最深处

遨游热闹的浅海

主 编 崔维成　副主编 周昭英

故 事 李 华　绘画 孙 燕 赵浩辰

上海科技教育出版社

这个暑假，我终于有机会到爸爸妈妈工作的地方——神秘的海洋研究基地度假啦！

这里是全球第五大海洋研究院的基地，还有海洋馆和移动的海上浮岛度假乐园，兼具科研和海洋旅游度假的功能，被称为"海洋梦幻世界"。

海洋梦幻世界——我来啦！

2

清澈见底的海水，净白细腻的沙滩，丰富多彩的海底世界……这里如同传说中美丽的人间仙境！日出时绚烂的朝阳，夜幕下璀璨的星空，都是我见过的最美的景象。

潜水课掀开了我的度假新篇章。你绝对想象不到，我们的海洋浮潜课程教练是"美人鱼"！

教我们浮潜的就是她——"美人鱼"姐姐安娜！

水池里两个露出湿漉漉小脑袋的是我的两个小伙伴——姐姐可可和妹妹乐乐。

我们穿戴着潜水设备，就像小海豚一样，不仅可以在水里游来游去，还可以自由地漂浮、下潜、上升、排水、换气、呼吸！是不是很酷？

乐乐

可可

"美人鱼"姐姐好！

·潜水考核·

去潜水考核啦！

珊瑚虫

珊瑚

珊瑚礁

珊瑚礁虽然只占据地球上不到 0.2% 的海洋面积，却养育了约 1/4 的海洋生物种类，近 1/3 的海洋鱼类生活在其中，所以说，珊瑚礁就像陆地上的热带雨林一样，生物多样性非常丰富。

小丑鱼

安娜说，珊瑚礁是由成千上万的珊瑚虫骨骼经过日积月累形成的，可它为什么被称作"海洋中的热带雨林"呢？

好紧张啊！

海里的鱼会来咬我吗？

潜水考核安排在海洋馆外侧的海水潜水池。
路过珊瑚厅时，两边玻璃窗里的珊瑚礁色彩斑斓，旁边有热带鱼在缓缓游动，一条可爱的小丑鱼正轻轻地摇着尾巴与我们对视！

潜水装备大全

浮力补偿背心

氧气瓶

脚蹼

呼吸调节器

潜水镜

呼吸管

穿过珊瑚厅，一个半圆形的天然海水潜水池出现在眼前，这里幽蓝色的海水深不见底。安娜仔细地帮我们检查面镜、呼吸管和脚蹼。

一切准备就绪，潜水即将开始！

来，绑上安全浮力条！

长须狮子鱼多栖息于温带靠海岸的岩礁或珊瑚礁内，也会在桥桩附近、沉船残骸一带以及水草丛中生活。性格孤僻，喜欢独居。

→ 长须狮子鱼

小丑鱼是雀鲷科海葵鱼亚科鱼类的俗称，因为脸上有一两条白色条纹，好似京剧中的丑角而得名，是一种热带咸水鱼。小丑鱼与海葵有着密不可分的共生关系，因此又称海葵鱼。

——洋洋的笔记

小丑鱼 ↶

惊喜从跳进水里的那一瞬间就开始了！我突然感觉整个世界都变成了蓝色的海洋，自己如同鱼儿般悠然自在，鱼群像剪影一般游过身边。与各种各样的水下生物并肩而行真是一种奇妙的体验。

黄尾蓝魔鱼

长须狮子鱼

刺尾鱼

蓝魔鬼鱼

小丑鱼

还没等我们反应过来，突然从安娜身后的水里冒出一个巨大的透明水泡泡！很快，一艘红色的飞碟浮出了水面！原来，"水泡泡"是飞碟上透明的半球形全景窗户！

我要上飞碟！

哇！红色飞碟！

水中飞碟！

潜水器

潜水器是一种水下交通工具，根据功能的不同通常分为观光型和作业型。安娜身后出现的透明"水泡泡"就是观光型潜水器的载人舱。为了方便观光，工程师们用玻璃材质完成建造工作。作业型潜水器主要用于水下考察、海底勘探、海洋开发和打捞救援等任务。

安娜跨到岸边，从她的工具箱里取出一个海龟状的东西，对着飞碟一阵遥控操作。只见那飞碟"游"到岸边，窗户缓缓打开。

哇！海龟遥控器！

当然，孩子们，上来，去看看真正的大海！

我们可以乘飞碟吗？

早就听说潜水池神秘有趣，没想到竟然有水下飞碟！

10

好棒啊！

太酷了！

系好安全带，
我们出发了！

哇！

我们迫不及待地钻了进去，一个个格外兴奋！
安娜面前的控制台有红、黄、蓝、绿 4 个控制按钮，
中间是一个显示屏。安娜按下了绿色按钮关闭顶舱。

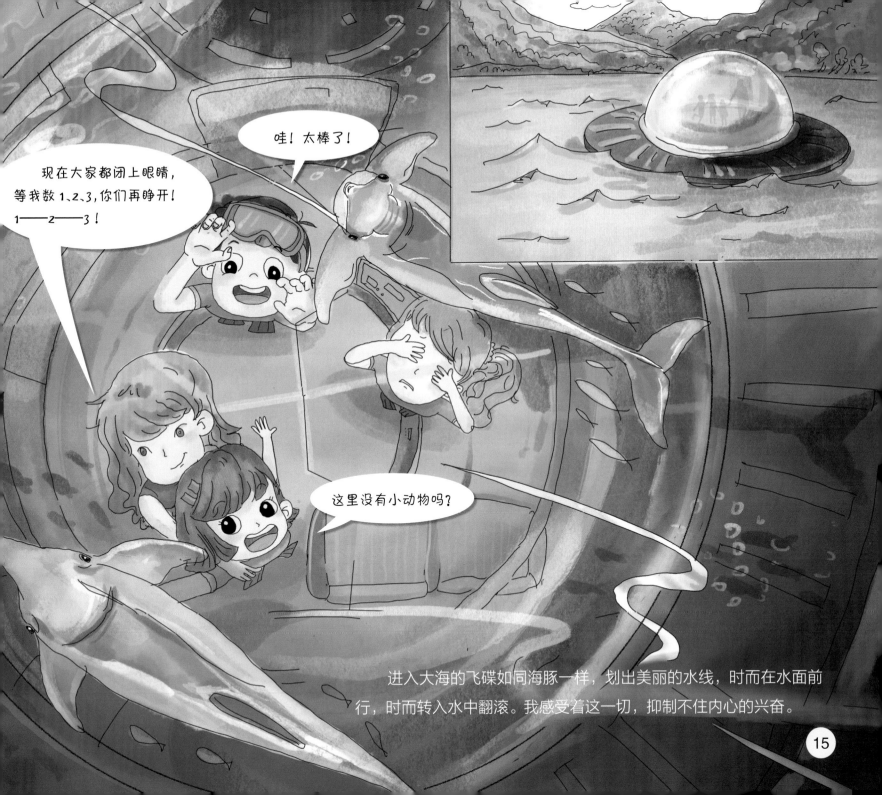

进入大海的飞碟如同海豚一样，划出美丽的水线，时而在水面前行，时而转入水中翻滚。我感受着这一切，抑制不住内心的兴奋。

软体动物双壳纲锉蛤科的幼虫

海洋里有许多微小的海洋生物，被称为浮游生物。它们太小或太弱，无法抵抗水流，所以只能随水流而漂动。这些海洋生物是地球上最丰富的生命形式，在海洋食物链中发挥着关键的作用。

这么多奇怪形状的小东西！

长臂章鱼的宝宝

安娜将天窗的放大镜功能打开，无数形状奇异的生物出现在半球形窗户上。我们可以清清楚楚地看到它们，真是奇妙极了！

哇！原来水里这么热闹！

飞鱼的宝宝

"怪异无比"的蠕虫宝宝

海洋生物食物网

海洋食物链具有比陆地食物链更多的环节，所以生物学家赞成使用"海洋食物网"这一概念。我们人类也是这张食物网中的一员。

小鱼小虾被乐乐吃掉！但是虎鲸吃不到乐乐！

虎鲸来啦！

食物链！我知道！食物链就是毛毛虫吃小草，小鸡吃毛毛虫，乐乐吃鸡肉汉堡！

乐乐说得对！不过海洋里的食物链要更复杂一些。深海大洋中的食物链至少需要 5 个营养级才能孕育出捕食性的鱼类。微型浮游植物供养着小型浮游动物，浮游动物是小鱼小虾的食物，然后小鱼小虾被更大的鱼类吃掉，最后达到食肉动物的最高层级——虎鲸。

安娜打开座椅下面的箱子门，拿出鱼片和海苔饼干等零食，我们立刻狼吞虎咽地享受起海味大餐来。据说全球的海洋浮游生物每年可提供够 300 亿人食用的水产品，这可真是一座极其诱人的食物宝库呢！

谁的肚子在响？

哦！是有点饿了。

是洋洋的肚子！想吃鸡肉汉堡了。

没有鸡肉汉堡，但可以请你吃海味大餐！

咕噜噜

靠紧椅背！

是的，除了常见的七色彩虹外，还有颜色顺序反过来的霓哦！

哇，飞起来了。快看，有彩虹！

小朋友们，出门坐车时要记得系安全带呀！

咔！

彩 虹

雨后天晴时常见的彩虹是太阳光照在半空的水滴上经过折射和反射所形成的，一般由外圈至内圈依次呈现红、橙、黄、绿、蓝、靛、紫7种颜色。

而如果天气足够好，你仔细看的话还会发现彩虹外侧有一圈颜色更淡的"霓"，它由外圈至内圈呈现的颜色顺序正好和彩虹相反。

"咔！咔！"肩部两侧的安全带自动扣住，天窗的颜色转为暗灰。飞碟下部的螺旋桨加速旋转，很快飞碟上升至水面，但并没有停留，竟然"哗啦"一声脱离水面飞到空中。从飞碟上甩落的水滴在海风中连成了一片雾，我透过窗户看到，在阳光的照射下，天空中竟然短暂地出现了一道彩虹！

22

在空中飞翔的感觉格外酷！我的脑海中出现了各种传说中飞碟飞行的场景，不过现在是真的！从窗户俯瞰，美丽的地球简直就是水的星球！

安娜此刻也面向窗外，阳光为她的脸庞镶上了朦胧的金边！还记得我第一次来海洋馆时见到的安娜是一条紫色的"美人鱼"，她优雅婀娜的身姿在海水中轻盈地游动，不时翻转一下美丽的鱼尾，挥动双臂用水泡画出心形图案，引来观众的阵阵喝彩。

所以我们喜欢叫她"美人鱼"姐姐，她告诉我们，海洋是地球生命的起源，海洋是我们的家园。

"珊瑚海"会是什么样的呢?和海洋馆里展示的一样吗?

我猜会更漂亮!

珊瑚海

珊瑚海总面积约479万平方千米,相当于半个中国的国土面积。珊瑚海位于太平洋西南部海域,澳大利亚和新几内亚以东,新喀里多尼亚和新赫布里底岛以西,所罗门群岛以南。

珊瑚海因有大量珊瑚礁而得名,世界闻名的大堡礁就分布在这个海区。

大堡礁像城垒一样,从托雷斯海峡到南回归线以南不远,南北绵延伸展约2400千米,总面积约34万平方千米,是世界上规模最大的珊瑚体。

此时飞碟的飞行速度显然远比在水中时快得多!应该比飞机还快!屏幕上显示,我们距离目的地越来越近了。对面坐着的可可似乎早已从刚才的紧张情绪中缓过神来,正探头探脑地向下俯视。

没多久，在安娜的操控下，飞碟开始下降。在触及水面的那一瞬间，我突然感觉一阵眩晕——这是超重感！

飞碟漂浮在海面上，我们不禁被窗外仙境般的美景所吸引。

只见碧蓝的海上镶嵌着一座座青翠的小岛，岛上绿树葱茏，海中的礁石上不时激起一层层的白色浪花，在强烈的阳光照射下显得光亮夺目。这里就是珊瑚海！

晕飞机、晕电梯

在电梯加速上升或减速下降时，人们会处于超重的状态，此时人体内的血液会下涌，导致脑缺血；而当电梯加速下降或减速上升时，人们会处于失重的状态，此时全身的血液会向上涌，导致脑充血。这两个过程都会引起人们头晕不适的症状。

晕汽车、晕轮船

颠簸、摇摆和旋转等运动会刺激人体的前庭神经，使得人类大脑平衡中心暂时功能失调而造成眩晕。任何形式的变速运动都可能使人产生晕车、晕船的症状。

26

潜水飞碟继续下潜，在珊瑚海里遨游，突然远处一片黑压压的生物席卷而来！越来越近！大家惊叫着用双手捂住了眼睛，乐乐吓得扑倒在安娜的怀里。

我们惊恐地抬起双眼。哇！我简直不敢相信眼前的景象！铺天盖地的鱼群围绕着我们，潜水飞碟处于一个庞大的鱼群旋涡中，实在是太震撼了！这些成群游动的鱼，纷乱而有序。它们忽东忽西，整齐划一，每条鱼似乎都可以调节自己的游向和速度，以便和同伴间维持适当的距离。

随着鱼群风暴缓缓离去，鱼群闪动的鳞光也渐渐远去，这真是海洋中奇幻而美妙的存在！此刻，我心中突然涌上一个念头，好想变成一条鱼，加入鱼群中，在大海里遨游！

潜水飞碟上浮到水面后，我们纷纷跟着安娜潜入水中，千姿百态的珊瑚礁中遍布着形形色色的珊瑚和底栖动物，许多色彩艳丽的海洋生物令我们流连忘返。

我们下去游泳？

好！

好！

好！

在回去的路上，安娜和海狸为我们讲述了珊瑚所面临的危机，海狸先生还向我们生动地演示了珊瑚白化的过程。你知道吗？保护珊瑚已经到了刻不容缓的地步！

海洋里究竟还有多少秘密是我们所未知的呢？

白化病？

能阻止珊瑚变白吗？

可以治好吗？

由于全球气候变暖，海水温度也随之升高，与珊瑚虫共生的五颜六色的微型海藻死亡，导致海洋里的好多珊瑚都得了"白化病"，失去了美丽的颜色。

人类想要遏制珊瑚白化现象蔓延，就必须控制地球的温室效应，降低空气中二氧化碳等温室气体的含量。这是全人类都面临着的任务。

图书在版编目（CIP）数据

下潜！下潜！到海洋最深处！．1，遨游热闹的浅海 / 崔维成主编. --上海：上海科技教育出版社，2021.7

ISBN 978-7-5428-7512-9

Ⅰ.①下… Ⅱ.①崔… Ⅲ.①深海–探险–少儿读物 Ⅳ.①P72-49

中国版本图书馆CIP数据核字(2021)第078387号

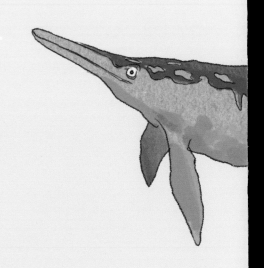

主　　编　崔维成

副 主 编　周昭英

  下潜！下潜！到海洋最深处！

遨游热闹的浅海

故　　事　李　华

绘　　画　孙　燕　赵浩辰

责任编辑　顾巧燕

装帧设计　李梦雪

出版发行　上海科技教育出版社有限公司
　　　　　（上海市柳州路218号　邮政编码200235）

网　　址　www.sste.com　www.ewen.co

经　　销　各地新华书店

印　　刷　上海昌鑫龙印务有限公司

开　　本　889×1194　1/16

印　　张　2

版　　次　2021年7月第1版

印　　次　2021年7月第1次印刷

书　　号　ISBN 978-7-5428-7512-9/N·1122